我
们
一
起
解
决
问
题

人邮普华
PUHUA BOOK

我
们
一
起
解
决
问
题

安安 / 著　　小麦田 / 绘制

卡皮巴拉的自我修养

愿你不焦虑、不内耗、
情绪稳定、人间清醒

人民邮电出版社
北　京

图书在版编目（CIP）数据

卡皮巴拉的自我修养：愿你不焦虑、不内耗、情绪稳定、人间清醒 / 安安著. -- 北京：人民邮电出版社，2024. -- ISBN 978-7-115-64921-8

Ⅰ．B821-49

中国国家版本馆 CIP 数据核字第 202408XD02 号

内 容 提 要

卡皮巴拉这个神秘又可爱的名字，其实是水豚英文的谐音。卡皮巴拉以其呆萌可爱的外表、随遇而安的性格成了现代年轻人的治愈系宠物。

卡皮巴拉的治愈力源于它们与世无争的松弛感，源于它们保持情绪稳定的能力，还源于它们喜欢与人亲近，对人类非常友好。与卡皮巴拉亲密互动，让人们在紧张和压力之余，找到了放松和愉悦的感觉。

这本书就是现代人的情绪充电桩，不论是大人还是孩子，无论男女，都能从卡皮巴拉身上得到慰藉，都能被卡皮巴拉治愈。

◆ 　著　　安　安
　　责任编辑　王飞龙
　　责任印制　彭志环

◆ 人民邮电出版社出版发行　　北京市丰台区成寿寺路 11 号
　　邮编 100164　　电子邮件 315@ptpress.com.cn
　　网址 https://www.ptpress.com.cn
　　中国电影出版社印刷厂印刷

◆ 开本：787×1092　1/32
　　印张：6.75　　　　　　　　　　2024 年 8 月第 1 版
　　字数：62 千字　　　　　　　　2025 年 8 月北京第 8 次印刷

定　价：49.00 元
读者服务热线：（010）81055656　印装质量热线：（010）81055316
反盗版热线：（010）81055315

大家好！

我是，

人见人爱、

花见花开，

童叟无欺、

人畜无害，

自成一派、

浑然天成的卡皮巴拉。

我不是生活在水里的土拨鼠，
也不是吃的太胖的金花鼠，
更不是土豆、猕猴桃。
你们不要乱说哦。
我爱洗澡、爱发呆，
还爱吃各种水果和蔬菜。

我有很多朋友，
他们都夸我是社牛。
嗯……其实我社恐！
我虽然腿短，但是我腰粗啊——
不对，是肚量大，
我宰相肚里能撑船。
不要笑我眼睛小，
再狡猾的狐狸也逃不过

我卡皮巴拉的眼睛。

虽然我一点也没把自己

当回事儿，但是，

你们不能不把我当回事儿！

承蒙大家厚爱。

我有很多优点，

但是，我一点也不傲娇。

我就是我，不一样的烟火。

capybara

一、生活需要松弛感

卡皮巴拉爱美食　　3

卡皮巴拉爱睡觉　　9

卡皮巴拉爱洗澡　　14

卡皮巴拉爱发呆　　19

卡皮巴拉爱社交　　25

卡皮巴拉爱运动　　31

卡皮巴拉爱生活　　36

卡皮巴拉爱自己　　41

每天一点点，提升幸福感　　46

二、拒绝精神内耗

卡戻巴拉拒绝胡思乱想　　49

卡戻巴拉拒绝悲观绝望　　54

卡戻巴拉拒绝小题大做　　59

卡戻巴拉拒绝犹豫不决　　64

卡戻巴拉拒绝自我否定　　69

卡戻巴拉拒绝攀比妒忌　　75

卡戻巴拉拒绝敏感脆弱　　80

卡戻巴拉拒绝恐惧逃避　　86

学会管理情绪，轻松告别焦虑　　92

三、远离消耗你的人

卡皮巴拉不记仇　　95

卡皮巴拉不生气　　100

卡皮巴拉不抱怨　　106

卡皮巴拉不争辩　　111

卡皮巴拉不逞强　　117

卡皮巴拉不较劲　　122

情绪"断舍离"，一分钟消气　　127

四、淡定从容做自己

活在当下　　131

简单就好　　136

开心最重要　　142

自信放光芒　　148

淡定从容　　153

活得有趣　　159

接纳自己，勇敢做自己　　164

五、活得通透，保持人间清醒

情绪稳定，不拧巴　　167

内心强大，能自洽　　172

管好自己，少操心　　179

足够冷静，不上头　　184

偶尔发疯，不矫情　　190

允许一切发生　　195

做个内核稳定的人　　200

卡皮巴拉凭什么　　201

一、生活需要松弛感

卡皮巴拉爱自己

春风十里，不如悦己。

人生在世，最重要的是好好养育自己。

好好吃，好好睡。

穿喜欢的衣服，和不累的人相处。

送自己礼物，哄自己开心。

热爱一切小美好，感恩生命的馈赠。

懂生活，爱自己，养好自己，

就是过好这一辈子！

卡皮巴拉爱美食

唯美食与生活
不可辜负。

人生苦短，
不如，
再来一碗。

4

晚餐

卡皮巴拉爱睡觉

睡觉可以大大地延长生命。

天大的事儿，只要
睡得着，就能过得去！

睡觉就要睡到自然醒。

13

卡皮巴拉爱洗澡

仁者乐山，
智者乐水。

别人都想上岸。
上什么岸？我只想下水！

冲掉疲惫、冲掉烦恼、冲掉晦气。

17

享受水的拥抱，
感受水的治愈。

18

卡皮巴拉爱发呆

放空是治愈自己的
好办法。

再大的烦恼，发发呆，也就过去了。

要想身体放松，先把脑子放空。

眼睛眯起，爱搭不理！

运行不畅的时候，
请先关机，
然后再重启。

既然别人都在忙着发财。
那我不如抓紧时间发个呆。

24

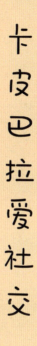

卡皮巴拉爱社交

有趣的人自然会
相互吸引。

贴贴是人生的刚需。

合拍的人，可以做朋友。

只和喜欢的人相处。

叠叠的快乐只有卡皮巴拉懂得。

围着我转的人越多，我就越开心！

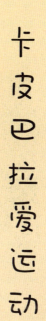

卡皮巴拉爱运动

运动是开启美好
生活的钥匙。

运动是爱自己的开始。

运动是治愈情绪的特效药。

33

据说，运动产生的多巴胺，
仅次于谈恋爱。

燃烧卡路里，享受多巴胺。

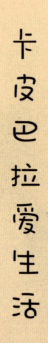

卡皮巴拉爱生活

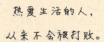

热爱生活的人，
从来不会被打败。

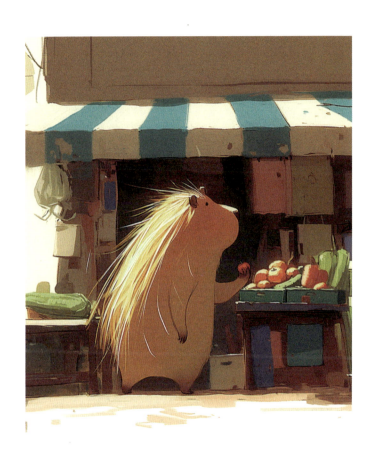

听我说，你要热爱生活，
热爱这人间烟火。

万物皆可爱，别说人间不值得。

谁还没点小爱好呢？

节日就是给热爱生活的人过的，
每一个节日都要好好度过哟。

卡皮巴拉爱自己

爱自己是走向成熟的
第一步。

我就是我，不一样的烟火。

每天穿喜欢的衣服。

43

常常送自己礼物。

天大的事儿，只要睡得着，就能过得去！

多心被心累，没心没肺无所谓。

再大的烦恼，发发呆，也就过去了。

茶要泡开，人要想开。

凡事发生，皆有利于我！

首先你要快乐，其次都是其次。

人生苦短，不如，再来一碗。

给你提个建议：不要随便给别人提建议。

学会哄自己开心。

45

每天一点点
提升幸福感

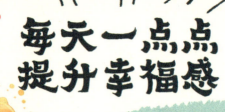

好好睡觉

好好吃饭

躺平
放空

洗澡

运动

社交

多喝
热水

有点
小爱好

二、拒绝精神内耗

卡皮巴拉不焦虑

当你开始精神内耗，一切都会变得糟糕。

放轻松，别内卷。

永远不要自己欺负自己。

世界上最幸福的人，是愿意给自己松绑的人。

记住，和自己和解，

才能无限接近想要的生活。

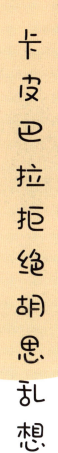

卡皮巴拉拒绝胡思乱想

想太多，
干不了大事儿。

心就那么大，
别什么都往里装。

51

想不开，全都是事儿；
想开了，也就那么回事儿。

卡皮巴拉拒绝悲观绝望

生活永远向前，
满怀希望才能所向披靡。

坚强能治病，乐观可续命。

很多事情，
也许不像你预想的那么好
但也没你想象的那么糟。

56

你要学会删除失望，
心里才能容纳更多的希望。

57

只要还有一点点希望，
就不要做最坏的打算。

58

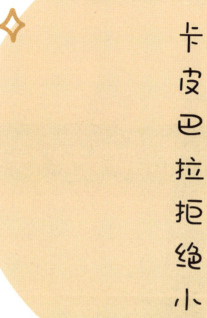

卡皮巴拉拒绝小题大做

多大点儿事儿啊！

遇事儿放轻松，
没事儿别矫情。

很多事，你当回事儿才是事儿；
你不当回事儿，
就不是个事儿。

61

那些你曾经以为天大的事，
回头看看，也不过如此。

放轻松！没有什么事儿
值得你花光所有的力气。

卡皮巴拉拒绝犹豫不决

很多时候，成功的秘诀就是立即行动。

不要为预期埋单。

人生的困境，
往往始于摇摆不定。

内心的小确信，
可以对抗生活的不确定。

67

人不会死于绝境，
却往往倒在十字路口。

68

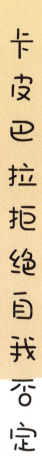

卡皮巴拉拒绝自我否定

别给自己泼冷水。

千万不要给自己设限。

人生最大的阻力，
是自己否定自己。

如果你都不喜欢自己，
怎么指望别人喜欢你。

72

不要看到别人发光，
就觉得自己暗淡。

73

做个不扫兴的人，特别是对自己。

卡皮巴拉拒绝攀比妒忌

他强任他强，
清风拂山岗。

人生最大的悲剧
就是一辈子都要和别人比较。

77

你要允许别人比自己优秀。

格局太小，才会见不得别人比自己好。

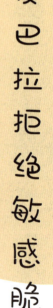

卡皮巴拉拒绝敏感脆弱

敏感是情绪的放大镜。

你要戒掉玻璃心。

你也不用害怕得罪任何人。

也不要在意有人讨厌你。

没有人生来就坚强。
谁不是一边受伤一边学坚强。

回头看看，
那些曾经以为过不去的难关，
都对你毫发无伤。

卡皮巴拉拒绝恐惧逃避

喜欢逃避的人，
永远长不大。

记住，逃避解决不了任何问题。

逃避并不可耻，
但不一定有用。

你要直面自己害怕的东西，
这样才能拯救自己。

那些压不垮你的，
终将让你更加强大。

91

学会管理情绪
轻松告别焦虑

拒绝
胡思乱想

拒绝
悲观绝望

拒绝
小题大做

MOOD

拒绝
犹豫不决

拒绝
自我否定

拒绝
攀比妒忌

拒绝
敏感脆弱

拒绝
恐惧逃避

FEELING

三、远离消耗你的人

卡皮巴拉没烦恼

远离那些消耗你的人，

当你感觉不对时，一定要想方设法挽救自己。

不要为不值得的人和事儿生气。

不要让有毒的关系拖垮你。

不要害怕冲突，

只要你不妥协，就没人能把你当软柿子捏。

把时间和精力花在自己身上。

你就是无敌的。

卡皮巴拉不记仇

当你原谅他人时，
你也放过了自己。

就让过去成为过去吧。

记仇没有必要，
因为仇恨会冲昏头脑。

别人骂了你一句，你记恨一整天，
相当于他骂了你一整天；
你记仇一整年，
相当于他骂了你一整年。

98

对伤害你的人，不必记仇，
也无需原谅，犯不上。

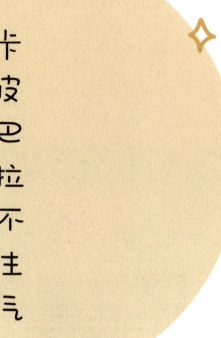

卡皮巴拉不生气

你可以生气，
但不要越想越气。

生气是拿别人的错误惩罚自己。

101

你踢我一脚，我直接躺倒。
惹到我，你算是踢到棉花啦！

生气的时候，跟你自己说：
"喂，兄弟，干嘛跟自己过不去？"

记住，脾气永远
不要大于能力。

没有收拾残局的能力，
就不要放纵善变的情绪。

105

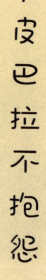

卡皮巴拉不抱怨

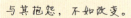

与其抱怨，不如改变。

抱怨是无能的表现，
只会让你变得令人讨厌。

自知者不怨人，知命者不怨天。

远离爱抱怨的人，
他们会抽干你的能量。

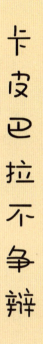

卡皮巴拉不争辩

做人要学会闭嘴。

不要和三观不同的人讲道理。

认知相同的人，无须争辩。
认知不同的人，何须争辩？

对那些不理解你的人，
你解释什么都没有用。

你永远叫不醒装睡的人。

115

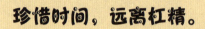

珍惜时间，远离杠精。

卡皮巴拉不逞强

你一定要坚强，
但不必逞强。

永远不要高估自己。

没有把握的事儿，不要说，
更不要做。

话不要说太满，
事不要做太绝。

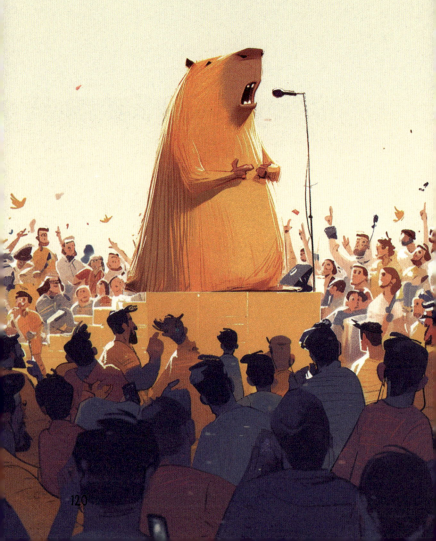

就算你很强，
也不要太显摆。

卡皮巴拉不较劲

太用力的人走不远。

天上飘来五个字
那都不是事。

123

人生中的很多问题，
其实不需要回应。

不是所有的事情都要争输赢。

125

你只要拥有自己的秩序，
就能抵御外界的攻击。

126

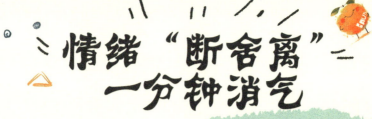

情绪"断舍离"
一分钟消气

坨吃吃

坨睡睡

没必要

无所谓

不至于

犯不上

不值得

爱谁谁

四、淡定从容做自己

卡皮巴拉做自己

人生最美的风景，是内心的淡定和从容。

接受自己普通，

不追求与众不同，

从容面对一切，

允许一切发生。

活
在
当
下

我们只活在此时此刻。

幸福不在别处，当下就是全部。

幸福就是每一天
都被喜欢的事情填满。

133

忙要有忙的价值。

闲要有闲的滋味。

简单就好

人活到极致，
一定是素与简。

生活不必太奢华，
心情不要太复杂。

137

我不是不懂方圆，
只是懒得装。

只要你心甘情愿，
任何事情都可以变得简单。

慢慢地你就会知道，
越是简单，就越美好。

不要太着急，
任何事都可以慢慢来。

开心最重要

只有自己高兴了，
那才是生活。

你要笑得灿烂，不怕生活暗淡。

143

首先你要快乐，其次，都是其次。

你一定要多笑，
因为笑是生活的解药。

145

开心就笑，不开心嘛，
那就待会儿再笑。

146

记住，一个人越是快乐，
就越招人喜欢。

自信放光芒

一旦选择自信，
一切皆有可能。

你越是自信，就越是幸运。

149

你要做自己，不要在乎别人怎么看你、
怎么说你。

你越自信，
别人就越认可你、越相信你。

很多时候，别人怎么想，
其实和你无关。

淡
定
从
容

人生最美的风景，
是内心的淡定与从容。

美丽的风景，
都在路上，
别急着寻找终点。

155

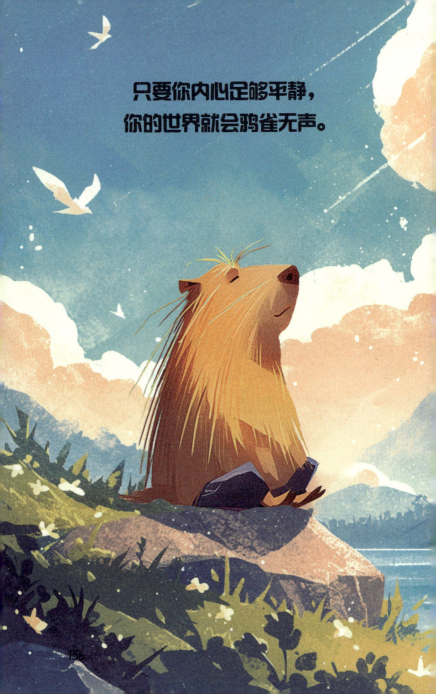

只要你内心足够平静，
你的世界就会鸦雀无声。

不管世界多么拥挤，
你都要保持内心的秩序。

157

放下所有执念，
让一切顺其自然。

活得有趣

往后余生，
要做个有趣的人。

好看的皮囊千篇一律，
有趣的灵魂万里挑一。

愿你出走半生，
内心永葆天真。

161

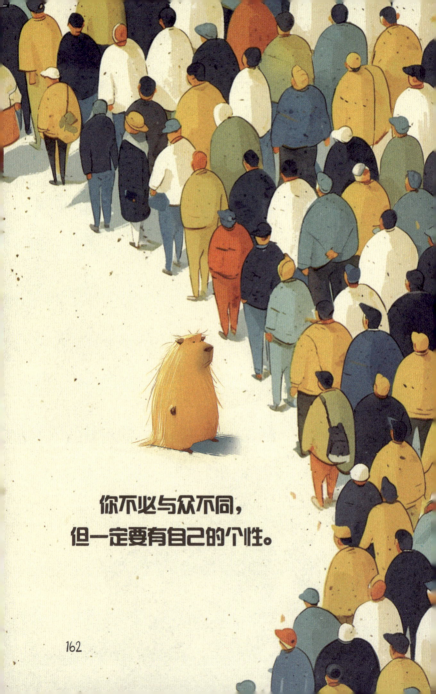

你不必与众不同，
但一定要有自己的个性。

让自己有趣，
你就会发现人生的真趣。

163

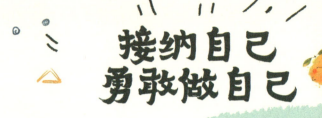

接纳自己
勇敢做自己

从从容容

大大方方

知足常乐

不骄不躁

拿得起

放得下

不迎合
任何人

不被
任何人定义

五、活得通透，保持
人间清醒

卡皮巴拉很通透

你拦不住要走的风，

也留不住天边的云。

日月既往，不可复追。

四方食事，不过一碗人间烟火。

学着看开，学会释怀，

人生不过如此。

情绪稳定，不拧巴

想开，看淡，放下。

不是每件事情都要有结果，
没有结果也是不错的结果。

169

凡事先讨好自己，
至于别人，
分交情，看心情。

做一个不动声色的人。

内心强大，能自治

真正强大的人，懂得
如何与自己和谐共处。

凡事发生，皆有利于我。

173

要是没点自我安慰的本事，
我也活不到现在啦。

你都不给自己台阶下，
别人怎么会给你台阶。

175

有些人的出现，是为了提醒我们，
不要成为那样的人。

虽然是我错了，但是，
你不原谅我，
那就是你的不对了。

只要我不尴尬，尴尬的就是别人。

管好自己，少操心

做人要有边界感。

记住，少管闲事儿、
少操闲心。

在安心的角落，
秘密不必说破。

很多时候，你得罪别人，
不是因为你说错了，而是你说中了。

足够冷静，不上头

人生很长、不必慌张。

头脑冷静大过聪明。

那些不尊重你的人，
也不配得到你的尊重。

真正聪明的人，
不相信人品，
只相信人性。

187

只要你一直保持冷静，
崩溃的就是别人。

188

靠山山会倒，靠人人会跑，
靠自己才能开心到老。

偶尔发疯，不矫情

做人不必太正常。

给自己的情绪找个出口。

该玩就玩，想闹就闹。

与其跟人掏心掏肺，
不如自己活得没心没肺。

193

生活就是一出戏，
可以飙演技，不要太入戏。

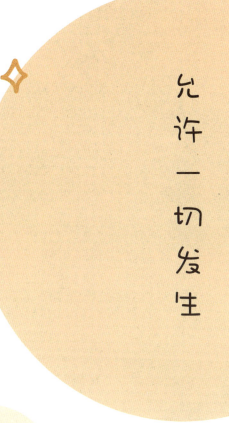

允许一切发生

请允许别人做别人，
也允许自己做自己。

很多事情，只是不同，
并无好坏之分。

不必每天都支棱起来，
身心放轻松，
允许一切发生。

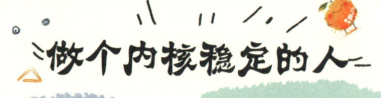

做个内核稳定的人

情出自愿

事过无悔

不负遇见

不谈亏欠

不念过往

不畏将来

心怀坦荡

顺其自然

卡皮巴拉凭什么

卡皮巴拉这个听起来有点神秘又可爱的名字，其实是水豚的英文"capybara"的中文谐音。

一只水豚，能有什么错呢？

它不过是，活成了我们理想的样子。

饿了就吃，困了就睡；有精神就撒欢儿，没精神就发呆。

作为世界上最大的啮齿动物，水豚拥有圆滚滚的身材、短短的四肢和朝天的鼻孔。

它们看起来就像大型毛绒玩具，让人忍不住想要去抚摸它、拥抱它。

卡皮巴拉以乐萌可爱的外表、随遇而安的性格成了当下年轻人的治愈系宠物。

卡皮巴拉的治愈力源于它那种与世无争的松弛感。

在这个竞争激烈的社会中，我们时常感到疲惫和不安，而卡皮巴拉却总能以一种平和的心态面对生活。

它们喜欢泡澡、睡大觉，即使被其他动物踩在身上，它们也依然能够保持淡定和从容。

卡皮巴拉这种随遇而安的性格，让我们在繁忙的生活中找到了一丝宁静和安慰，也让我们重新感受到了生命的美好和温暖。

卡皮巴拉的治愈力还源于它保持情绪稳定的能力。

它给了我们一些启示。

首先，我们要学会控制自己的情绪，不要让情绪左右我们的行为。

其次，我们要学会调节自己的情绪，让自己始终保持平和的心态。

无论遇到什么困难或挑战，我们都要保持冷静和理智，不要轻易发怒或沮丧。

这样，我们才能更好地面对生活中的各种困难和挑战。

卡皮巴拉的治愈力还在于它们非常容易亲近，对人类非常友好。

在互动时，我们可以慢慢地靠近它，等待它主动

"投怀送抱"，然后轻轻地抚摸它的皮毛，感受它柔软而温暖的身体。

这种亲密的互动方式，让我们在紧张和压力之余，找到了一种放松和愉悦的感觉。

卡皮巴拉不像猫，也不像狗，不像任何其他宠物那样容易被外界干扰，而是始终坚守自己的本心，好像没有什么事儿，没有什么人，能够打乱它的节奏，左右它的心情。

愿，每一个人都能被卡皮巴拉治愈。

愿，每一个可爱的你，都能像卡皮巴拉一样，

生活无忧无虑，人生淡定从容。

capybara